BLV IDEE & PRAXIS

Freizeit gestalten

501 Wohnen mit Holz
502 Taschen und Beutel selbst gemacht
509 Das kann ich selbst: Tapezieren
511 Schöne Batik
514 Töpfern lernen
601 Das kann ich selbst: Kleine Möbel und Einbauten nach Maß
602 Kinderspiele – Kinderspielzeug selbst gemacht
603 Salzteig-Modelle
604 Patchwork und Quilten
605 Malen nach europäischen Volkskunstmotiven
606 Modellieren
607 Malen nach Pflanzenmotiven
608 Praxis des Malens

Essen und genießen

503 Selbstgemachtes aus der Küche zum Verschenken
504 Obstkuchen – Obsttorten
505 Vom Frühstück zur Mitternachtssuppe
506 Selber backen mit Vollkorn
510 Gesunde Wildkräuterküche
512 Die Kunst schlank zu bleiben
513 Weihnachtliche Bäckerei
515 1 × 1 der richtigen Ernährung
516 Die Kunst Tee zu trinken
517 Kartoffeln rund und gesund
518 Selbstgemachte Marmeladen und Gelees
519 Vollwert-Süßspeisen
520 Kinderfeste
521 Genüßliche Weinkunde

Marianne Bauer
Irene Kara

Salzteig-Modelle

BLV Verlagsgesellschaft
München Wien Zürich

CIP-Kurztitelaufnahme der Deutschen Bibliothek

Bauer, Marianne:
Salzteig-Modelle / Marianne Bauer;
Irene Kara. - München; Wien; Zürich:
BLV Verlagsgesellschaft, 1985.
(BLV Idee & Praxis:
Freizeit gestalten; 603)
ISBN 3-405-13131-6

NE: Kara, Irene:; BLV Idee und Praxis / Freizeit gestalten

BLV Idee & Praxis
Freizeit gestalten 603

Farbfotos: design + konzeption Werbeagentur GmbH, Donauwörth
Schwarzweißfotos: Franz Bauer, Utzmemmingen
Die Modelle dürfen nicht für den Verkauf nachgearbeitet werden.

Satz und Druck: Appl, Wemding
Bindung: Ludwig Auer, Donauwörth

Printed in Germany · ISBN 3-405-13131-6

Inhalt

HERMINE + HERMANN
20.
MAI
1985

Zu diesem Buch

Langjährig anhaltende Begeisterung für Volkskunst und Kunstgewerbe führte uns über die verschiedenen Variationen der Malerei zur formenden und figürlichen Gestaltung. Vom Ton mit seinen Möglichkeiten, den verschiedenen Brennarten und Glasuren fanden wir zum Salzteig. Die Leichtigkeit der Formgebung und die Spontaneität des Materials ließen uns nicht mehr los. Die Zeitdauer von der Idee bis zur Verwirklichung des Motivs war hier optimal und, unseren Vorstellungen entsprechend, gegeben.

Die Schwierigkeiten, die wir meistern mußten, lagen nicht so sehr in der Gestaltung und Formgebung, auch nicht in der Entwicklung der Materialzusammensetzung, sondern in der Motivfindung – Motive, die dem Material gerecht wurden. Denn nicht jedes Motiv läßt sich mit dem Material Salzteig vereinbaren. Eine moderne Plastik z. B. ist besser in Beton oder Metall zu verwirklichen, die geforderte Beständigkeit eines Gefäßes kann nur in Ton oder Porzellan umgesetzt werden.

Viele Ideen, die uns in den Kopf kamen, wurden nach längerer Überlegung als »nicht salzteiggerecht« wieder verworfen. Das Material Salzteig verbindet sich in Gedanken mit Bäuerlichkeit, Handwerkertum, Kindlichkeit und vielleicht auch mit ein wenig Nostalgie.

Probleme gab es auch mit der Technik, mit der Weichheit des Materials, der Veränderung und Belastung beim Backen. Figuren verformten sich, dünne Stäbe, Darstellungen von Blumen oder ähnlichem brachen ab. Ideen, die malerisch oder in Ton formbar waren, konnten in vielen Fällen mit Salzteig nicht verwirklicht werden. Die Konstruktion mußte vereinfacht und verstärkt werden - die Darstellung einen symbolhaften Charakter erhalten. Viele Modelle und Motive hatten in der Anfangsphase unseres Schaffens auf Grund ihrer mangelhaften Konstruktion nur eine kurze Lebensdauer. Sie zerbrachen bereits auf dem Wege zu einer Ausstellung oder zur Einladung eines Freundes.

Um diese Frustration allen Salzteigfreunden zu ersparen, haben wir dieses Buch geschrieben. In Gesprächen mit Freunden und Bekannten sahen wir, wieviel Freude sie ihrem Hobby abgewinnen konnten und wie notwendig gute Tips für den Anfänger sind. Unser Buch soll Anregungen geben bei der Motivsuche. Es soll Techniken und Ideen aufzeigen, die in Salzteig realisierbar sind und insbesondere Anfängern über die ersten Schwierigkeiten hinweghelfen.

Das Material eignet sich am besten für Darstellungen aus dem ein-

Zu diesem Buch

fachen, ländlichen Leben. Was liegt also näher, als den Menschen und sein Leben in und mit der Natur darzustellen!
Wir wünschen uns für alle Leser dieses Buches, daß die vorliegenden Anleitungen und Motive Anregungen geben für das kreative Schaffen mit dem Material Salzteig. Wichtig dabei ist die Freude an der eigenen Arbeit. Deshalb sollten Sie nicht versuchen, die vorgegebenen Motive zu genau nachahmen zu wollen. Auch durch Abwandlung der Ideen lassen sich gute Ergebnisse erzielen. Der eigene Arbeitsstil soll sich herauskristallisieren und unverkennbar sein und bleiben.
Wir wünschen Ihnen viel Spaß und Erfolg beim Modellieren.

Marianne Bauer
Irene Kara

Die Brieffrau

Einführung

Zur Geschichte des Salzteiges

Ohne Zweifel ist Salzteig in seiner Verwendung zum Formen von Figuren und Darstellen von Abbildungen eine haltbarere Version des Brotteiges. Die bewußte Anwendung als Mittel zur künstlerischen Darstellung und nicht zum Verzehr ist damit eindeutig.
Verzierte Brotlaibe und geformte Figuren, meist Tiere, sind von altersher aus verschiedenen Kulturbereichen bekannt. Wir wissen, daß sowohl Griechen wie Ägypter, aber auch Spanier und die Indios Mexikos Brotteigfiguren schufen. In der Regel handelt es sich hierbei um Opfergaben. Diese Brotfiguren symbolisierten Dankbarkeit den Göttern gegenüber oder dienten als Grabbeigaben.
Zu welchem Zeitpunkt der Übergang vom reinen Brotteig zum Salzteig stattfand, ist uns nicht bekannt. Der Grund hierfür lag aber sicherlich in der Absicht, das Kunstwerk durch die Zugabe von Salz zu konservieren und geeigneter zum Bemalen zu machen.
Diese Volkskunst geriet dann viele Jahre in Vergessenheit und wurde von unserer modernen Gesellschaft in ihrem Drang zum Ursprünglichen und Natürlichen wiederentdeckt.

Material und Werkzeug

Zum Herstellen des Teiges
Mehl, Salz, Wasser
Kunststoffschüssel
Tasse
Plastikbeutel

Zum Formen
Wellholz
Kleines Messer
Modelliernadel
Zahnstocher
Modellierstäbchen

Hilfsgeräte
Teesieb
Knoblauchpresse
Ausstechformen
1 Pinsel Nr. 5 (billigere Qualität)
Arbeitsunterlage
Backtrennpapier
Kleine Schälchen

Zum Backen
Backblech
Backofen

Zum Bemalen
Wasserlösliche Bastelfarben
Rotmarderhaarpinsel, Nr. 1 und 5
Breitpinsel
Teller zum Mischen der Farben

Zum Lackieren
Farbloser Sprühlack

sonnen salz
sonnen
salz®
500 g
Das ideale
K+S
Billig·Gut+Billig·Gut+Billig
Mehl
Type 405
Füllgewicht
1000 g
Zahnstoch
300 Stück

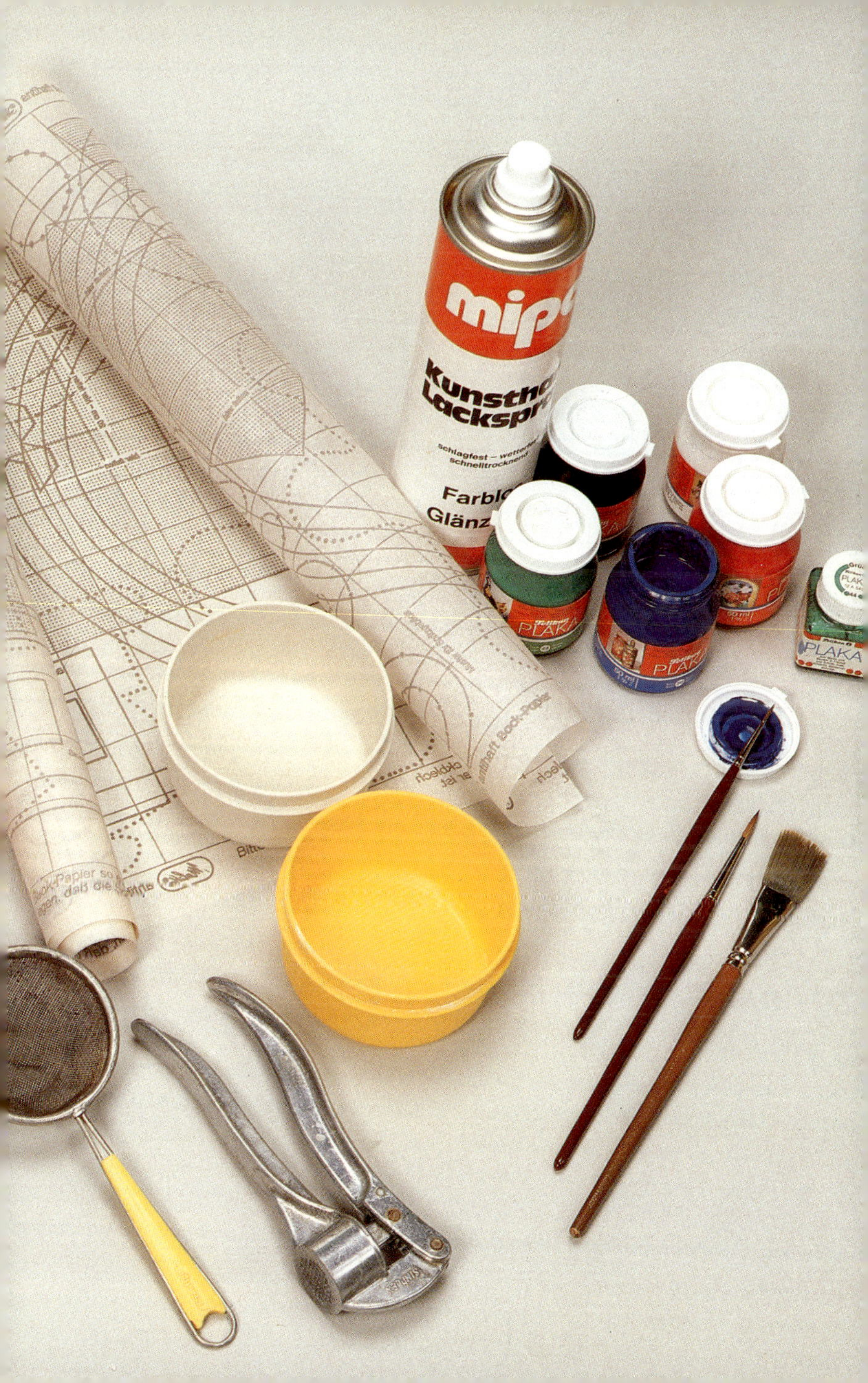
PLAKA

Der Salzteig und seine Herstellung

Bei all unseren Arbeiten wurden nicht mehr als die nachfolgend beschriebenen zwei Rezepte angewandt. Wir nahmen bei allen bemalten Modellen Teigrezept 1, bei den naturbelassenen Rezept 2.

Rezept 1
1 Teil Weizenmehl
1 Teil Salz
knapp ½ Teil Wasser

Rezept 2
750 ccm Roggenmehl
500 ccm Salz
ca. 300 ccm Wasser
1 Schuß Öl

Teigherstellung
Mehl und Salz in einer Schüssel gut vermischen und das Wasser nach und nach vorsichtig zugeben. Mit beiden Händen kräftig durchkneten. Beim Durchkneten bekommt man das richtige Gefühl für die Beschaffenheit des Teiges. Auf jeden Fall ist ein eher trockener Teig besser zum Modellieren geeignet als ein zu klebriger.
Den fertigen Teig sofort in einen Kunststoffbeutel geben und nach Möglichkeit gleich verarbeiten.

Arbeitstechniken

Die Formgebung

An erster Stelle steht die zeichnerische Skizzierung des Motivs, wofür man am besten Bildmaterial als Vorlage verwendet.
Man sollte sich nicht dazu verleiten lassen, mit dem Formen impulsiv und ohne Entwurf zu beginnen. Wie in jedem Bereich der darstellenden Kunst ist es auch hier wichtig, die bedeutenden Teile des Motivs zu erfassen und herauszustellen. Zu viele Details verwischen die Aus sagekraft. Auch auf Grund der salzteigspezifischen Technik ist es empfehlenswert, der symbolischen Aussage den Vorzug zu geben.
Zur Formgebung eignen sich verschiedene Arbeitstechniken. Die von uns erprobten und für besonders sinnvoll betrachteten Techniken haben wir hier zusammengestellt. Wir beschreiben dabei nur den Grundaufbau. Die Fertigstellung selbst ist im Kapitel »Arbeitsbeispiele« (Seite 21 ff.) enthalten.
Der Kreativität sind keine Grenzen gesetzt.

Formen mit Teigsträngen oder Teigrollen

Das Herstellen von Teigsträngen ist die einfachste Art, Bildhaftes aus Salzteig zu gestalten. Das Wichtigste dabei ist, die benötigte Teigmenge vor dem Rollen kräftig durchzukneten, damit keine Luftblasen entstehen. Ein luftblasenfreier Teig ist besonders wichtig beim Aufbau von Figuren, um Risse und Brüche beim Formen zu vermeiden.
Mit beiden Händen und festem Druck wird ein gleichmäßiger Teigstrang gedreht. Die Stärke des Stranges sollte bereits dem endgültigen Durchmesser des zu formenden Stückes entsprechen. Der fertige Teigstrang kann nun für alle Arten von Kränzen, Zöpfen und Kordeln verwendet werden.

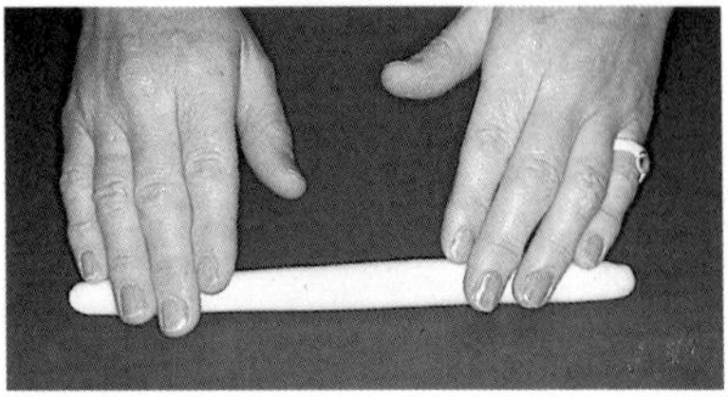

Drehen einer Teigrolle

Formen ausschneiden

Eine weitere Möglichkeit der Formgebung ist das Ausschneiden. Dazu wird der Teig ca. 1 cm dick auf der Arbeitsunterlage ausgerollt.
Mit einem spitzen Gegenstand, z. B. Modelliernadel oder Zahnstocher, wird die entsprechende Form vorgezeichnet und mit einem spitzen Messer ausgeschnitten (das

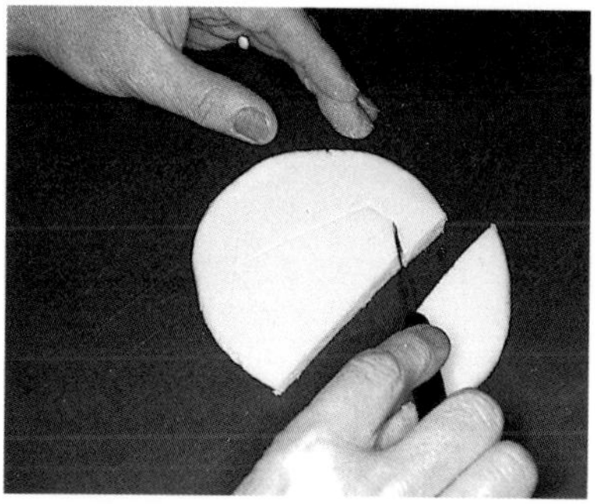

Grundform einritzen und ausschneiden

Arbeiten mit Schablonen lehnen wir grundsätzlich ab, da die Grundformen dadurch ihre Ursprünglichkeit verlieren). Die Schnittkanten werden nun mit einem angefeuchteten Modellierstäbchen versäubert und nachgeformt.
Diese Grundform wird mit Hilfe eines breiten Messers auf das Backtrennpapier gehoben. Dies ist notwendig, damit später angebrachte, feinere Details keinen Schaden nehmen.

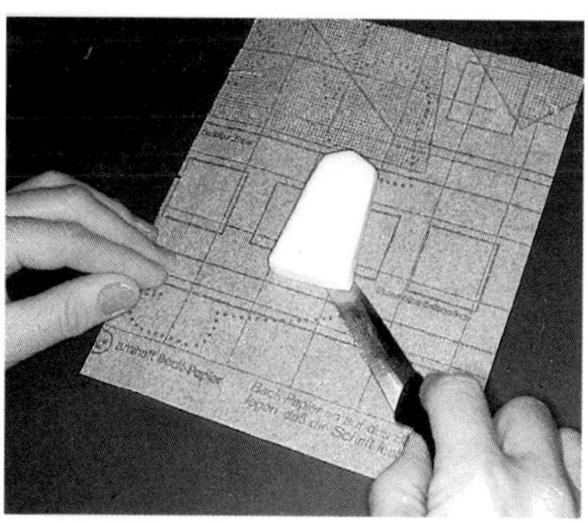

Grundform auf Backtrennpapier heben

Es ist empfehlenswert, nicht zu dünn zu arbeiten, da dickere Formen oder Modelle plastischer wirken und eine größere Stabilität haben.

Schichten aufsetzen und verbinden

Ein wesentliches Merkmal der Salzteigtechnik ist das Anbringen verschiedener Schichten, die zur Fertigstellung eines Motivs, z. B. einer Figur, notwendig sind. Ist die Grundform ausgeschnitten, erfolgt schrittweise der weitere Aufbau. Dazu wird eine möglichst dünne Teigschicht auf einer bemehlten Arbeitsunterlage ausgewellt und das entsprechende Teil zugeschnitten. Die einzelnen Teile werden frei Hand angefertigt und vorsichtig auf die Grundform gelegt, damit sie für mögliche Korrekturen wieder abgenommen werden kön-

Kleiderteile und Haare ausschneiden

nen. Ist die Änderung erfolgt, kann jedes Teil endgültig mit der Grundform verbunden werden.
Alle zu verbindenden Teile werden an der Ansatzstelle mit dem Pinsel leicht befeuchtet und angedrückt. Das Andrücken geschieht mit Hilfe eines Modellierstäbchens oder mit den Händen.

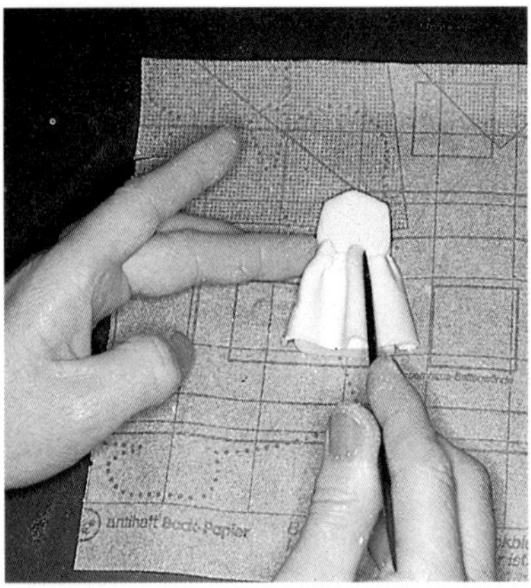

Rockfalten legen

Andrücken von Teilen, z.B. Arme, Schuhe, Hut

Formgebung mit Hilfsgegenständen

Ganz besondere Effekte kann man erreichen, indem man den Teig mit verschiedenen Hilfsgegenständen bearbeitet. Am besten eignen sich hierfür Zahnstocher, Schaschlikstäbchen, Rundholz, Modellierstäbchen usw. Der eigenen Phantasie sind keine Grenzen gesetzt.

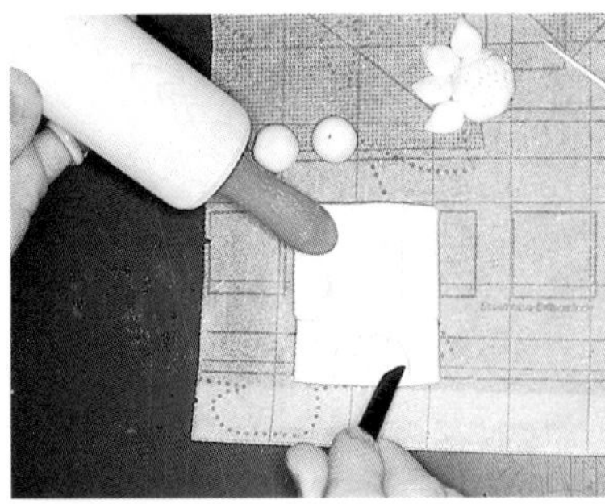

Effekte herstellen mit Zahnstocher, Rundholz

Gestalten mit Fremdmaterial

Wir empfehlen, mit Fremdmaterial sparsam umzugehen. Das Fremdmaterial sollte bei der Salzteigdarstellung keinesfalls dominieren.
Bei unseren Modellen haben wir folgendes Fremdmaterial verwendet:

Zahnstocher, Schaschlikspieße

Fischer (Seite 45), Bootsfahrer (Seite 76), Steckenpferd (Seite 67)

Draht

Fischer, die Angelschnur

Schnüre

Ballonfahrer (Seite 68), Drachenjunge (Seite 66), Mädchen auf der Schaukel (Seite 47)

Trockenblumen

Blumenfrau (Seite 81)

Sesam

Hühnerfütterung (Seite 72)

Nelken

Früchtekranz (Seite 27)

Hobelspäne

Schreiner (Seite 57)

Das Backen

Die fertig modellierten und zusammengesetzten Stücke werden mit dem Backtrennpapier vorsichtig auf das Backblech gezogen.

Die Backtemperatur soll ca. 100 Grad betragen. Die Backdauer richtet sich nach der Stärke der Modelle. Als Richtwert empfehlen wir für Modelle mittlerer Stärke et-

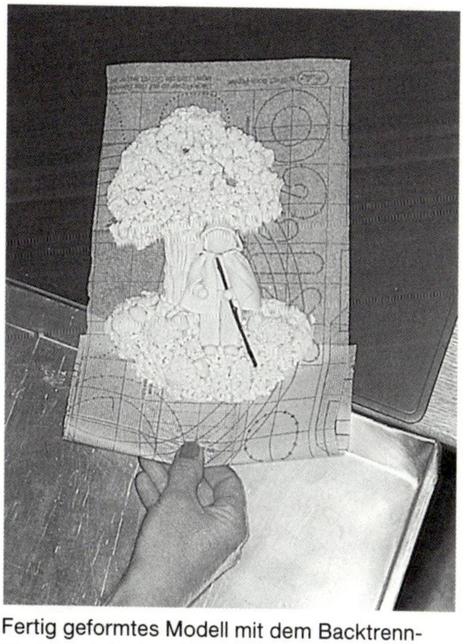

Fertig geformtes Modell mit dem Backtrennpapier auf das Backblech ziehen

wa 6–7 Stunden Backzeit, mit Ausnutzung der Nachwärme. Für große Modelle, wie z. B. den Früchtekranz (Seite 27), verlängert sich die Backzeit um ca. 4–5 Stunden. Soll ein Bräunungseffekt erreicht werden, wird im Anschluß an die Backzeit die Backtemperatur auf 250 Grad erhöht und die Bräunung in ca. 30 Minuten vorgenommen. Will man nur bestimmte Stellen bräunen, so deckt man die restlichen Stellen mit Alufolie ab.

Während des Backvorganges ist es unbedingt ratsam, die gefertigten Stücke zu beobachten, um eine zu starke Bräunung zu vermeiden.

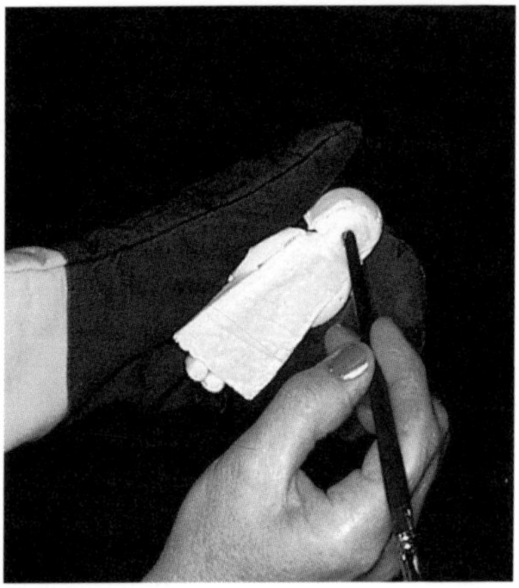

Eindrücken der Aufhängung

Für Anhänger wird das Loch bereits vor dem Backen aus dem rohen Teig ausgestochen.

Die Aufhängung

Während des Backvorgangs sollte bereits an die spätere Befestigungsmöglichkeit gedacht werden. Sobald die Oberfläche hart ist – nach 1–2 Stunden –, wird das geformte Stück mit Hilfe eines wattierten Küchenhandschuhs vom Backtrennpapier abgehoben und vorsichtig gewendet. Mit einem Pinselstiel wird an der gewünschten Stelle das Loch für die Aufhängung eingedrückt.

Das Bemalen

Dem Bemalen ist besondere Aufmerksamkeit zu schenken, denn auch ein nicht ganz gelungenes Modell kann durch eine gute Bemalung gerettet werden.
Das A und O einer guten Bemalung beginnt mit der Auswahl der Pinsel. Empfehlenswert sind Rotmarderhaarpinsel – von den Größen sollten mindestens die Nr. 1 und 5 vorhanden sein – sowie ein Breitpinsel billigerer Qualität für die aufgerauh-

ten Flächen (Wiesen, Baumkronen usw.). Damit man länger Freude an den Pinseln hat, sollten sie nach Benutzung gut ausgewaschen und die Pinselhaare zu einer Spitze geformt werden.
Farben sind in einschlägigen Bastelgeschäften zu beziehen. Es muß bei der Auswahl der verschiedenen Fabrikate jedoch darauf geachtet werden, daß die Farben eine wasserlösliche Basis haben. Man sollte sparsam damit umgehen und die Gläser nicht zu lange offen stehen lassen. Die Farben trocknen sehr schnell ein. Sollte trotzdem einmal eine Farbe antrocknen, geben Sie mehrere Tropfen Wasser zu und lassen Sie sie einige Tage aufweichen. Nach kräftigem Durchrühren kann sie wieder verwendet werden. Benützen Sie auch mal Farben verschiedener Hersteller, denn jeder hat unterschiedliche Grundfarben. Es lohnt sich zu experimentieren.
Die Bemalung der Modelle sollte zweckmäßigerweise bei Tageslicht vorgenommen werden, das schont die Augen und läßt die Farben naturgetreu erscheinen. Es sollte eine Zeit gewählt werden, in der man ungestört arbeiten kann.
Bevor man mit der Bemalung beginnt, sollte bereits eine Vorstellung bestehen, wie das Modell farblich ausgeschmückt wird. Ist noch eine Unsicherheit vorhanden, so können unsere Modelle als Farbvorschläge verwendet werden, bis man selbst ein Gefühl für Farbharmonie besitzt.
Man nimmt erst wenig Farbe aus dem Glas, mischt auf einer weißen Unterlage (Schale oder Teller) die entsprechenden Farben zusammen und verdünnt sie mit Wasser. Die Mischung sollte keinesfalls auf dem Modell erfolgen. Wieviel Wasser zugegeben wird, hängt vom gewünschten Effekt ab: Soll das Modell deckend bemalt werden, so ist nur so viel Wasser zuzugeben, daß der Pinsel gut gleitet. Bei Zugabe von viel Wasser bleibt die Farbe transparent, d.h., die Struktur des Salzteiges kommt noch gut zur Geltung, was sehr natürlich wirkt.
Ist der gewünschte Farbton erreicht (Probe erst auf Zeitungspapier vornehmen), wird sie auf das Modell sorgfältig aufgetragen. Im allgemeinen ist es empfehlenswert, dezente Farben zu wählen, da die Farbe auf dem Modell immer etwas kräftiger in Erscheinung tritt. Außerdem gewinnen die Farben durch die spätere Lackierung noch an Leuchtkraft.
Bei Figuren empfiehlt es sich, mit dem Bemalen des Gesichtes zu beginnen, da dies der schwierigste Teil ist. Sollte das Gesicht mißlingen, wird die Farbe mit einem feuchten Tuch entfernt, der Teig muß erneut ca. eine halbe Stunde

Bemalung eines Gesichts

trocknen und wird dann von neuem bemalt. Ist das Gesicht gelungen, kann der Rest des Modells mit mehr Spaß und Entspannung fertiggemalt werden. Vor Anbringung von Mustern (Streifen, Pünktchen) muß die Grundfarbe restlos trokken sein, um ein Ineinanderfließen zu verhindern.

Mischvorschläge für die am häufigsten verwendeten Farben

fleischfarben	ocker und weiß
dunkelbraun	hellbraun und schwarz
dunkelgrün	grün, hellbraun und schwarz
hellgrün	grün, gelb und hellbraun
hellblau	blau, weiß und schwarz
dunkelblau	blau und schwarz
rosa	rot, weiß und schwarz
weinrot	dunkelrot und schwarz

Lackieren und Befestigen

Alle fertigen Modelle, ob bemalt oder naturbelassen, werden mit einem farblosen Glanzlack versehen. Durch den Glanz des Lackes kommen Farben und Natürlichkeit erst richtig zur Geltung. Auch die nichtbemalten Stücke gewinnen durch den Sprühlack, der mehrmals aufgetragen werden kann, an Ausdruckskraft. Die Rückseite des Modells kann ebenfalls gelackt werden, um eine längere Haltbarkeit zu erreichen.

Salzteigmotive eignen sich sehr gut zur Dekoration von Wohnräumen, sie sollten jedoch nicht an feuchten Wänden befestigt werden.
Damit Sie lange Freude an Ihren Kreationen haben, sollten Sie noch an eine stabile Befestigung denken. Gut bewährt haben sich Stahlstifte, die man auch zum Stützen eines asymmetrischen Modells zusätzlich anbringen kann.

Arbeitsbeispiele

Arbeitsbeispiele

Die nachfolgend ausgewählten Arbeitsbeschreibungen wurden bewußt nach ihrem Schwierigkeitsgrad aufgebaut.
Das Kapitel »Für Anfänger« beginnt mit sehr einfachen, naturbelassenen Beispielen, die keiner aufwendigen Malarbeit bedürfen. Der Schwierigkeitsgrad wächst mit den weiterführenden Seiten der Arbeitsbeschreibungen. Dem Anfänger empfehlen wir, die ersten Arbeiten nicht zu überspringen, auch wenn die späteren Motivvorschläge reizvoller erscheinen. Damit wollen wir ausschließen, daß der Ungeübte bei zu komplizierten Arbeiten einen Mißerfolg erlebt und dadurch die Freude am Gestalten verliert.
Im Abschnitt »Für Geübte« beginnen wir mit dem Aufbau von Figuren, die den wesentlichen Teil unserer Modelle darstellen. Durch die verschiedenen Möglichkeiten der Bekleidung und des Beiwerks können typische Merkmale der gewünschten Darstellung hervorgehoben werden.
Bei der Auswahl der Arbeitsbeispiele sind wir davon ausgegangen, unterschiedliche Grundformen der Figuren mit verschiedenen Umgebungen zu zeigen. Durch Austausch der Kleidung, des Beiwerks und der Umgebung können immer wieder neue Modelle kreiert werden. Dies kommt deutlich in den Abbildungen zum Ausdruck.
Es ist daher notwendig, die beschriebenen Arbeitsbeispiele in ihrer Abfolge mitzuvollziehen. Denn wir haben bewußt auf sich wiederholende Beschreibungen verzichtet, wenn sie in vorhergehenden Beispielen bereits in Wort und Bild dargestellt wurden. Gerade der bereits Geübte wird vielleicht nur bestimmte Hilfestellungen, Zuschnitte oder besondere Hinweise finden wollen, um mit eigener Kreativität »sein« Modell zu schaffen.
Einen eigenen Abschnitt haben wir Beispielen »Aus Kinderhand« gewidmet.
Ebenfalls in einem separaten Kapitel haben wir verschiedene Kleindarstellungen und Beiwerke zu den Modellen zusammengefaßt. Erst dieses Beiwerk, z. B. das Buch in der Hand eines Kindes, Blumen, Tiere, verschiedene Kleingegenstände, füllt die Salzteigmotive mit Leben und Aussagekraft. Auf dieses Kapitel kann der Leser nach Bedarf jeweils zurückgreifen.
Auf die Bemalung der einzelnen Modelle wurde nicht mehr eingegangen. Sie ist im Grundsatz auf Seite 18 beschrieben und kann aus den farbig abgebildeten Arbeitsbeispielen genauso nachvollzogen oder nach eigener Vorstellung abgewandelt werden.
Mit den Beschreibungen lassen sich alle Modelle nacharbeiten.

Gedrehter Kranz

Rezept 1 oder 2 (Seite 12).

Kordel drehen
Zwei gleich lange Teigstränge rollen, kreuzweise übereinanderlegen, von der Mitte her nach beiden Seiten zur Kordel drehen und auf das Backtrennpapier legen.

Kordel drehen

Kranz schließen

Kranz schließen
Die Kordel zu einem Kreis legen, den Kreis schließen. Die Verschlußkanten mit dem Messer gerade schneiden, befeuchten und aneinanderdrücken. An dieser Stelle wird die Dekoration vorgenommen, damit die Verschlußkante verdeckt ist.

Röschen formen und anbringen
Für das Röschen eine kleine Teigkugel drehen, diese mit beiden Daumenrücken flachdrücken, vorsichtig wenden. Wenn der Teig klebt, mit etwas Mehl bestäuben und wieder flachdrücken. Die Außenkante des Blütenblattes soll möglichst dünn sein, damit es natürlich wirkt. Nun wird mit dem Drehen des Röschens begonnen: Das Teigblättchen spiralenförmig von innen nach außen rollen und zur Rose formen, wobei darauf zu achten ist, daß die Rosenmitte tiefer liegt. Für größere Rosen werden mehrere Blütenblätter übereinander gelegt. Den am unteren Ende überstehenden Teigrest abdrücken und das Röschen mit dem Modellierstäbchen an der gewünschten Stelle anbringen. Einen besseren Halt bekommt die Rose, wenn man mit der spitzen Modelliernadel in der Mitte der Rose durchsticht. Vorsichtig die Nadel herausziehen, damit sich das Gerollte nicht auflöst.

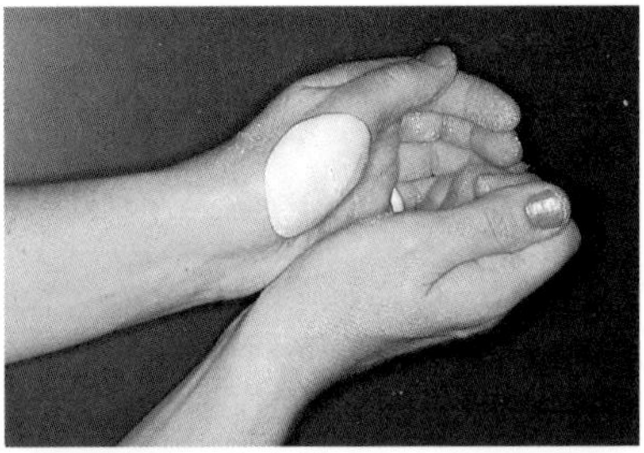

Rosenblättchen flachdrücken

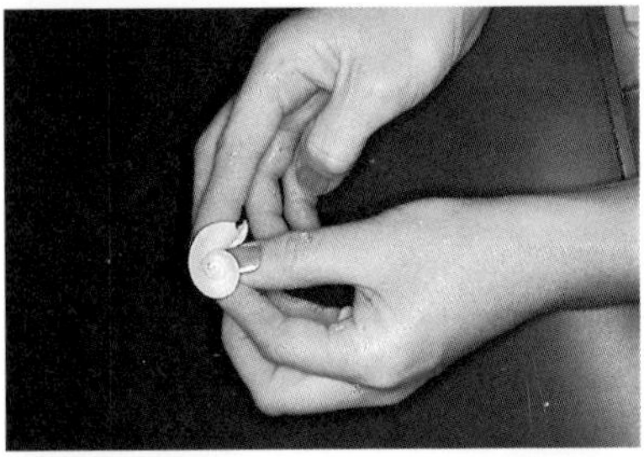

Röschen drehen

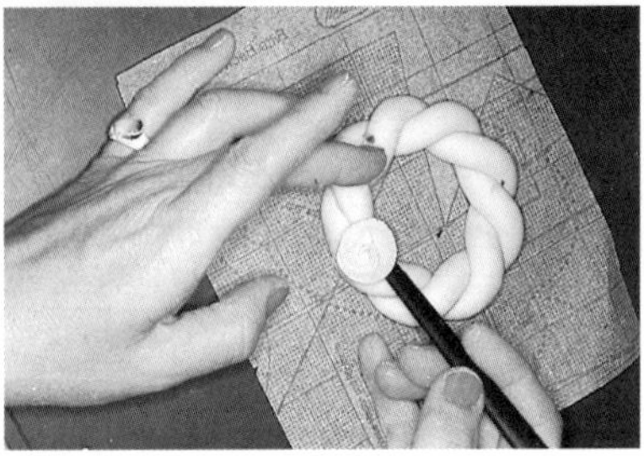

Rose anbringen

Rose durchstechen

Blätter formen und anbringen

Eine kleine Teigkugel kegelförmig drehen und in der Handfläche flachdrücken. Mit dem Modellierstäbchen die Blattrippen eindrükken, das Blatt vorsichtig mit dem Messer abheben. Die Spitze mit der Hand nachformen, das Blatt auf dem Kranz anordnen und mit dem Modellierstäbchen anbringen.

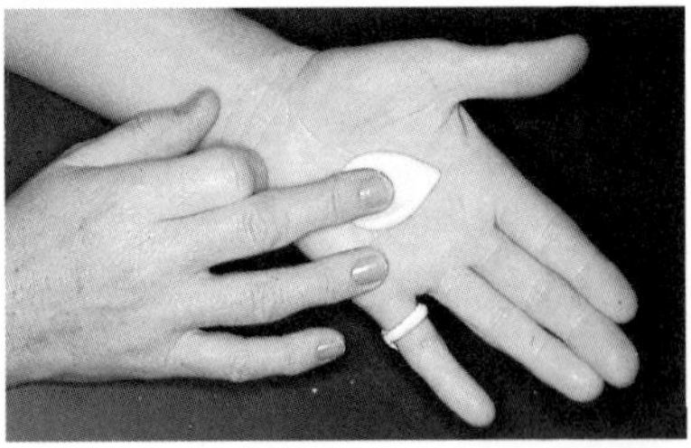

Blatt formen

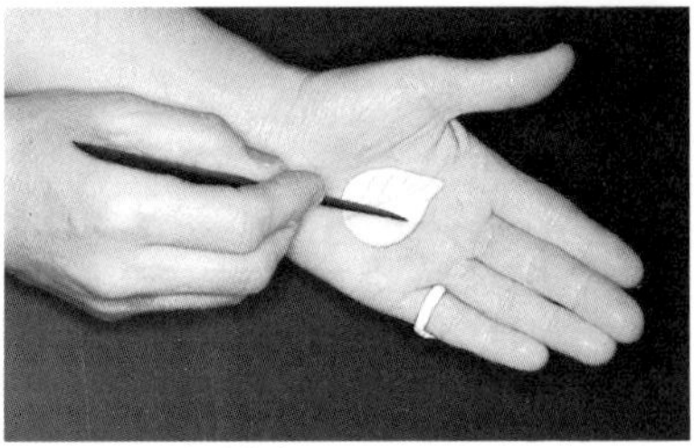

Blattrippen eindrücken

Durch diese Methode erhält man besonders feine Außenkanten der Blätter, die dem natürlichen Blatt gleichkommen sollten. Durch mehrmaliges Wiederholen der hier genannten Arbeitsmethode erreicht man rasch die notwendige Übung und Fertigkeit, Blätter zu formen.

Geflochtener Zopf

Rezept 1 oder 2 (Seite 12).

Zopf flechten
Für den geflochtenen Zopf benötigt man drei Teigstränge von gleicher Dicke. Geflochten wird von der Mitte aus nach beiden Seiten. Den Zopf auf Backtrennpapier legen. Das obere und untere Ende versäubern und die gewünschte Dekoration vornehmen, hier z. B. Röschen und Äpfel, wie auf Seite 23 und 27 beschrieben. Mit Blättern den Zopf verzieren.

Früchtekranz

Rezept 2 (Seite 12)

Einen kräftigen Teigstrang rollen, auf Backtrennpapier heben und zum Kranz schließen. Die Verschlußkanten mit dem Messer gerade schneiden, befeuchten und aneinanderdrücken. Die Mitte des Kranzes markieren, etwas eindrükken und diese Stelle für das Aufhängeband frei lassen.

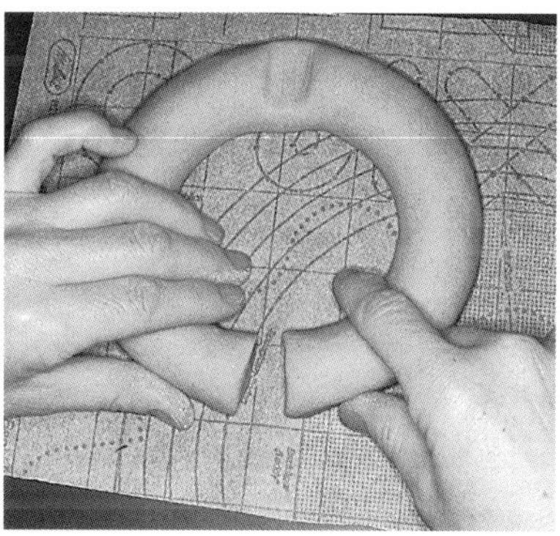

Teigstrang verschließen, Markierung für das Band eindrücken

Früchte formen

Nun werden die Früchte geformt und dekorativ auf dem Teigkranz angeordnet. Dabei ist darauf zu achten, daß beim Auflegen der Früchte der Kranz seine runde Form nicht verliert. Je nach Größe der gewünschten Früchte wird eine Teigkugel gedreht und mit den Händen geformt.

Apfel

Die Teigkugel für den Apfel etwas breitdrücken, zum Apfel formen und diesen auf den angefeuchteten Kranz legen. Um eine Verformung des Apfels zu verhindern, werden die Blüte und der Stiel erst angebracht, nachdem er auf dem Kranz liegt. Für die Blüte mit Zeigefinger oder Daumen eine Mulde eindrükken, diese befeuchten, etwas aufgerauhten Teig als Blüte anbringen. Und mit einem Stück Zweig aus der Natur erhält der Apfel seinen Stiel.

Mulde für die Blüte eindrücken

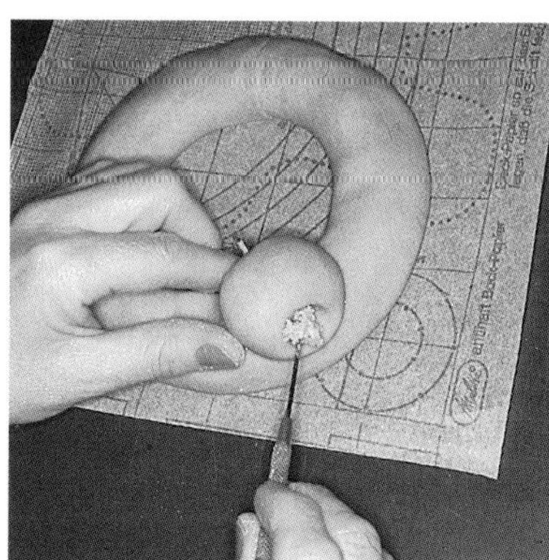

Blüte und Stiel anbringen

Birne
Die Teigkugel kegelförmig drehen und zur Birne formen. Auf den Kranz anordnen, Blüte und Stiel anbringen, wie beim Apfel beschrieben.

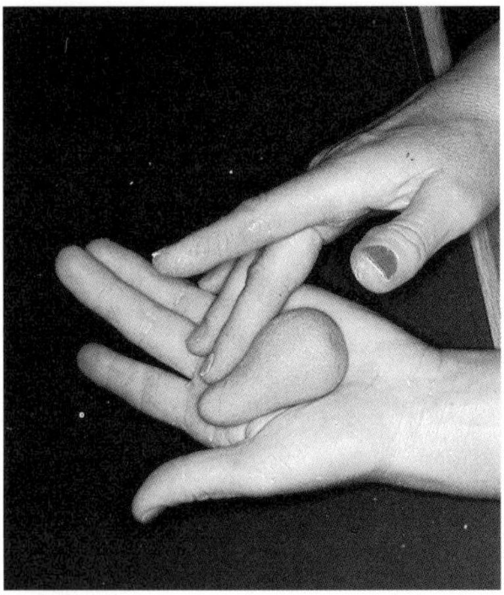
Birne formen

Melone
Für die Melone wird eine ovale Teigkugel gedreht und mit dem Modellierstäbchen Vertiefungen eingedrückt. Das Eindrücken der

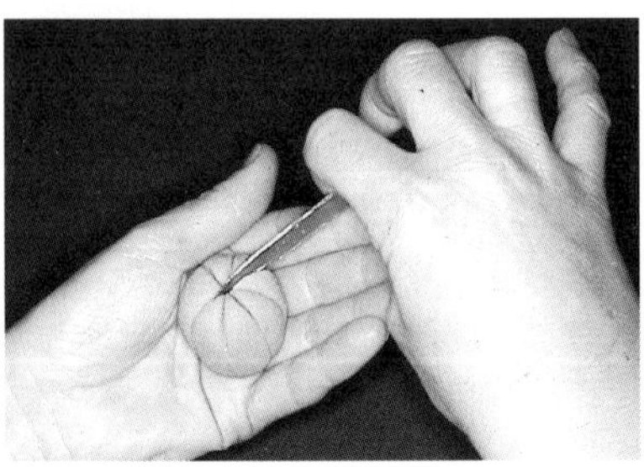
Vertiefungen eindrücken

Vertiefungen muß behutsam vorgenommen werden, damit sich die Melone nicht verformt. Eine Melone etwas flachdrücken, aufsetzen, eine zweite mehr stehend anbringen.

Weintraube
Kleine Teigkugeln drehen, zur Traube legen. Den Stiel aus einem Teigwürstchen drehen, schräg abschneiden und etwas einritzen. In der Traube eine Vertiefung eindrükken, die Ansatzstelle des Stiels befeuchten, in die Vertiefung einschieben.
Für das Weinblatt etwas Teig auswellen, Weinblatt aufzeichnen, aus-

Stiel und Weinblatt formen

schneiden, die Rippen der Blätter eindrücken. Das fertige Weinblatt auf die Traube legen.

Pflaume
Eine ovale Teigkugel formen, eine Vertiefung eindrücken, um der

Pflaume Ausdruck zu verleihen. Eine oder zwei Pflaumen am Teigkranz auflegen.

Sind alle großen Früchte am Teigkranz aufgelegt, füllt man die noch vorhandenen Leerräume mit kleinen Teigkugeln, die mit eingedrückten Nelken wie kleine Äpfel wirken. Der innere und äußere Rand wird mit Blattwerk verziert, damit der ursprünglich glatte Teigkranz möglichst verdeckt ist.

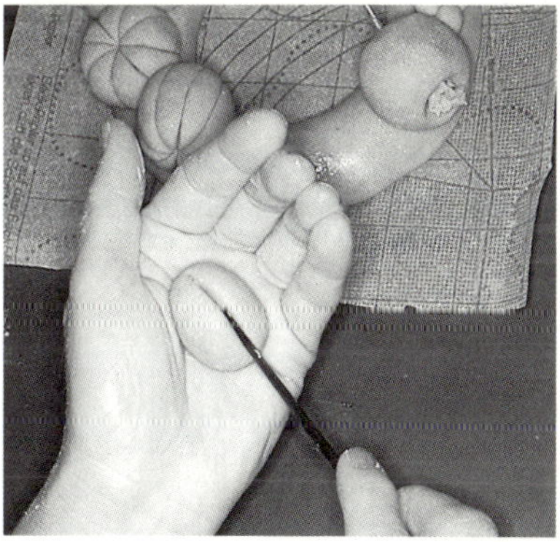

Vertiefung für die Pflaume eindrücken

Versetzt ausgewellte Teigplatte

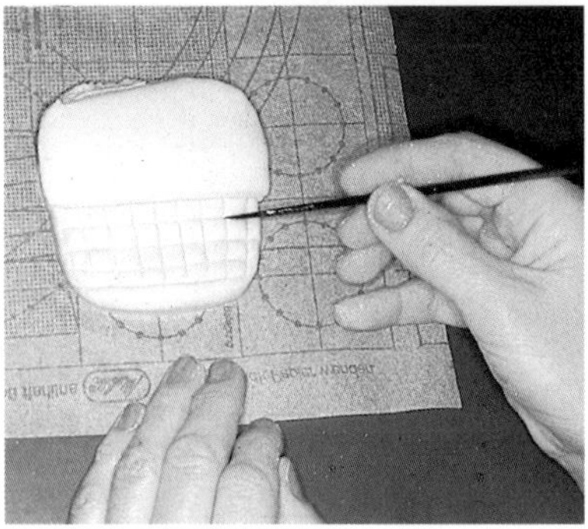

Ausgeschnittene Form des Körbchens, Struktur eindrücken

Aufrauhen des Blattwerks

Rosenkörbchen

Rezept 1 (Seite 12).

Den Teig 1 cm bzw. 2 cm dick und versetzt auswellen. Die dickere Seite ist für das Blattwerk bestimmt, das durch die Erhöhung besser zum Ausdruck gebracht wird. Die grobe Formgebung auf dem Teig aufzeichnen und ausschneiden, auf das Backtrennpapier legen. Die Kanten des Körbchens versäubern und die Struktur eindrücken.

Den angeschnittenen Teig für das Blattwerk aufrauhen. Etwas aufgerauhten Teig über den Körbchenrand ziehen, damit das Blattwerk eine natürliche Form bekommt. Kleine Röschen drehen, wie beim gedrehten Kranz beschrieben (Seite 23), und versetzt nach eigenem Geschmack in das Blattwerk einfügen. Die nach dem Einfügen der Röschen noch vorhandenen Leerräume im Teig wieder aufrauhen.

Geschenkanhänger

Rezept 1 oder 2 (Seite 12).

Den Teig 1 cm dick auswellen. Mit Ausstechformen Herzen, Äpfel, Birnen, runde Blättchen usw. ausstechen oder Vierecke ausschneiden. Diese auf Backtrennpapier legen und die Außenkanten versäubern. Löcher für die Aufhängung anbringen. Die Anhänger verzieren, z. B. mit Röschen und Blättern, wie auf Seite 23/24 beschrieben.

Türschild

Rezept 1 oder 2 (Seite 12).

Den Teig 1 cm dick auswellen und mit Hilfe einer Schablone oder frei Hand ein Medaillon ausschneiden. Auf Backtrennpapier legen, die Außenkanten glätten und Löcher für die Aufhängung eindrücken. Für das auf der Abbildung gezeigte Türschild wurden kleine Teigstränge als Kordel gedreht und auf den angefeuchteten Rand aufgelegt. Die Kordel an der unteren Mitte des Schildes schließen, die Verschlußkanten durch eine beliebige Verzierung verdecken. Nochmal kleine Teigstränge drehen und auf der Arbeitsplatte Buchstaben formen für den betreffenden Namen. Vor Auflage der Buchstaben ist es ratsam zu überlegen, welche Abstände zu halten sind, damit alle Buchstaben Platz finden. Die fertig geformten Buchstaben vorsichtig mit dem Messer abheben und auf dem Schild auflegen.

Baum mit Krone

Rezept 1 (Seite 12).

Eine große Teigrolle drehen und in abfallender Stärke auswellen. Die stärkere Teigseite für die Baumkrone verwenden, damit diese optisch in den Vordergrund tritt.
Baumstamm und Krone auf dem Teig aufzeichnen und ausschneiden, auf Backtrennpapier legen.
Den Stamm am Rand glätten und tiefe Furchen für die Baumrinde mit dem Modellierstab einritzen. Für die Baumkrone den Teig aufrauhen und ein wenig aufgerauhten Teig über den Stamm ziehen.
Abwandlung: Einsetzen von kleinen Äpfeln (mit Nelken als Blüten) in das Blattwerk.

Für Anfänger

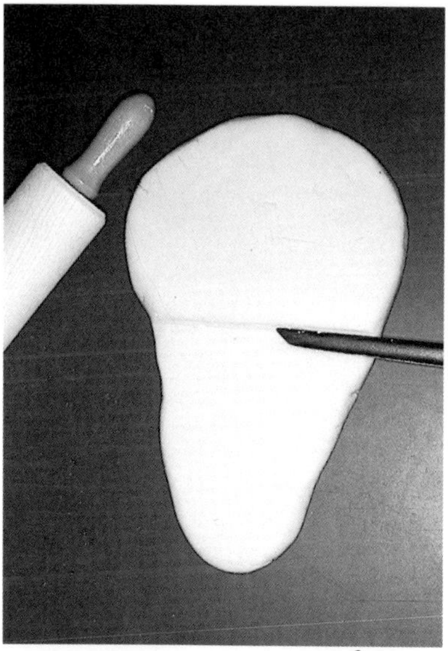

Teig in unterschiedlicher Stärke auswellen

Baumkrone aufrauhen

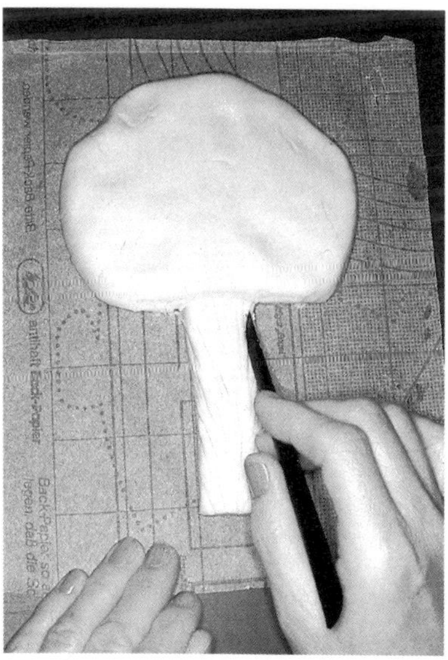

Ausgeschnittener Baum, Stamm einritzen

Baum mit gefüllter Krone

Für den Baum mit durchbrochener Krone wurden lediglich bei der Erstellung der Grundform Öffnungen in die Krone geschnitten. Die Fertigstellung erfolgt wie beim Baum mit gefüllter Krone.

Baum mit durchbrochener Krone

Baum mit Ästen

Rezept 1 (Seite 12).

Den Teig ca. 2 cm dick auswellen. Baumstamm und Äste aufzeichnen, ausschneiden und auf Backtrennpapier legen. Die Ränder glätten, Vertiefungen für den Stamm und die Äste einritzen.
Der hier gezeigte Baum kann als Sommer-, Herbst- und Winterbaum verwandelt werden:
Für den Sommerbaum etwas aufgerauhten Teig verstreut auf die

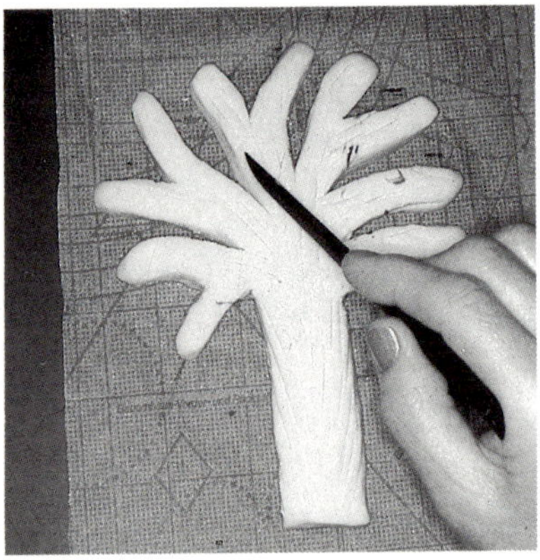

Stamm und Äste in den Teig einzeichnen

Äste legen, zu sehen in unserem Modell »Mädchen auf der Schaukel« (Seite 47).
In den Herbstbaum Bucheckern eindrücken. Den Winterbaum kahl lassen.

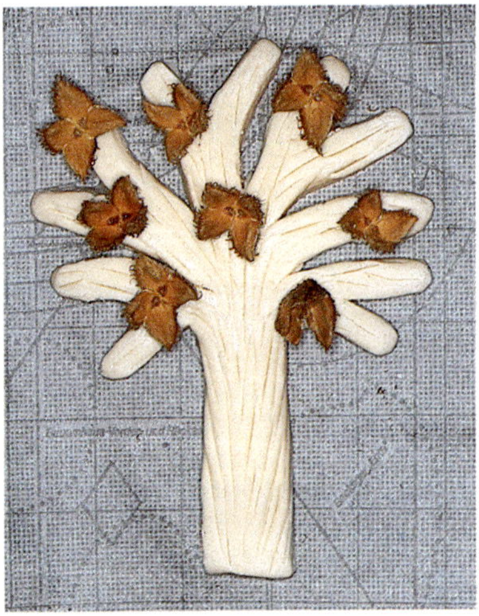

Herbstbaum

Mädchen

Rezept 1 (Seite 12).

Den Teig 1 cm dick auswellen, die Grundform aufzeichnen, ausschneiden, die Kanten versäubern und das Teigstück auf Backtrennpapier legen.

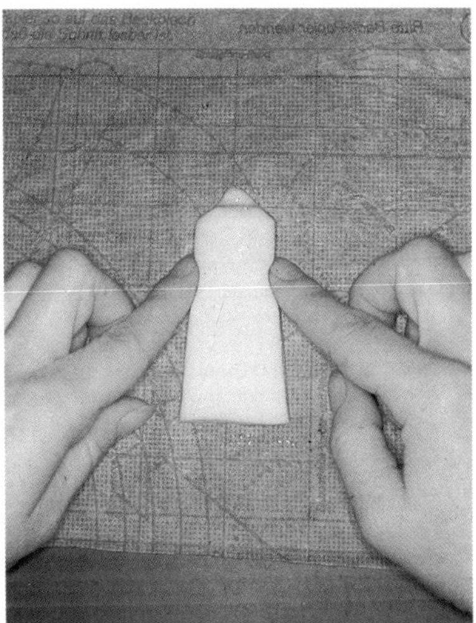

Grundform auf Backtrennpapier

Kopf und Schuhe
Für den Kopf eine Teigkugel drehen, die in der Größe zum Körper passen sollte, damit die Proportionen stimmen. Am Hals etwas Teig abdrücken und den Kopf anbringen. Die Schuhe aus kleinen Teigkugeln formen und am befeuchteten Rocksaum der Grundform andrücken.

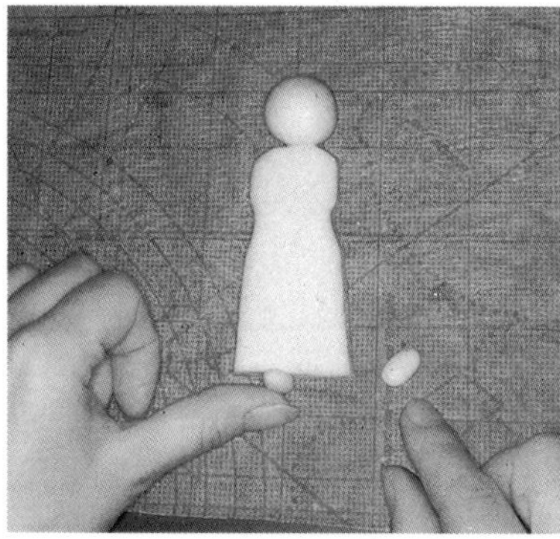

Grundform mit Kopf und Schuhen

Bei allen Teilen, die zu verbinden sind, müssen die Ansatzstellen befeuchtet werden, damit sie sich nach dem Backen nicht lösen.

Kleid
Nun weiteren Teig sehr dünn auswellen, wenn nötig, mit etwas Mehl

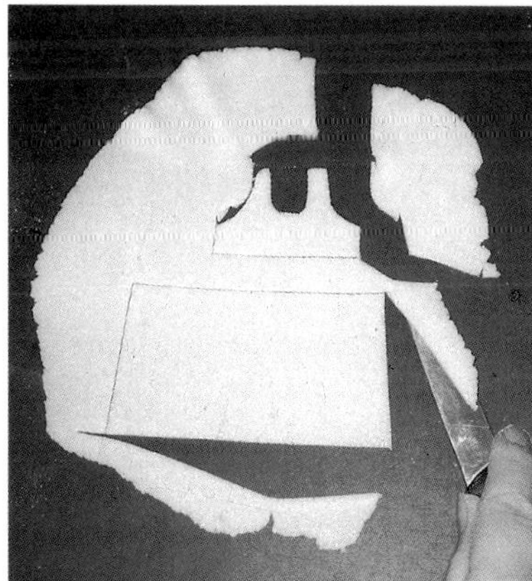

Zuschnitt der Kleiderteile

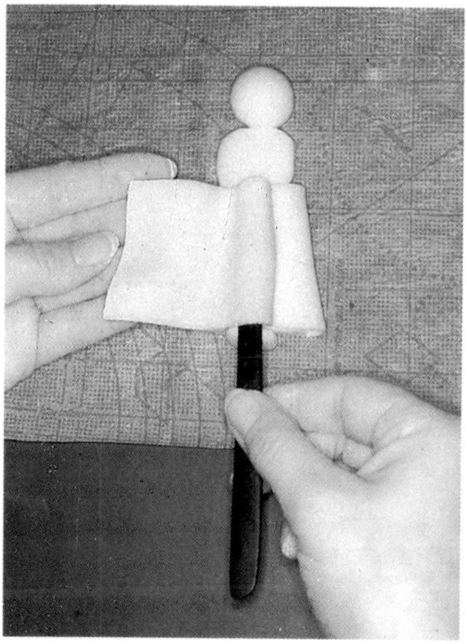

Falten legen

Teigwürstchen für die Arme, schräg durchgeschnitten

bestäuben. Die Kleiderteile aufzeichnen, ausschneiden, vorsichtig zur Anprobe auf die Grundform legen, wieder abnehmen und, wenn nötig, Änderungen vornehmen. Die Rockteile an beiden Seiten einschlagen und in der Taille Falten eindrücken. Das Oberteil über den Rockansatz legen.

Arme und Hände

Für die Arme ein Teigwürstchen drehen, in der Mitte schräg und an den Enden gerade schneiden. Das schräge Durchschneiden ergibt automatisch die Schulteransätze. Die Arme am Oberkörper anbringen und in Form biegen. Kleine Teigkugeln für die Hände formen

Mädchen mit Armen und Händen

und andrücken. Die Arme werden nie bekleidet, sie werden durch die Farbgebung zum Ausdruck gebracht. Etwas gerupften Teig als Blumenstrauß in die Hand geben.

Haare

Für die Haare den Teig dünn auswellen und mit dem Modellierstäbchen Haarsträhnen eindrücken. Für den Pony Haarspitzen ausschneiden, bei glatt gekämmtem Haar Mittelscheitel eindrücken. Die gesamte Haarauflage nach der Größe des Kopfes ausschneiden, Kopf befeuchten, Haare andrücken. Eventuell überstehenden Teig einfach abschneiden. Zwei kleine Teigkugeln als Haarschnecken rechts und links anbringen und einkerben.

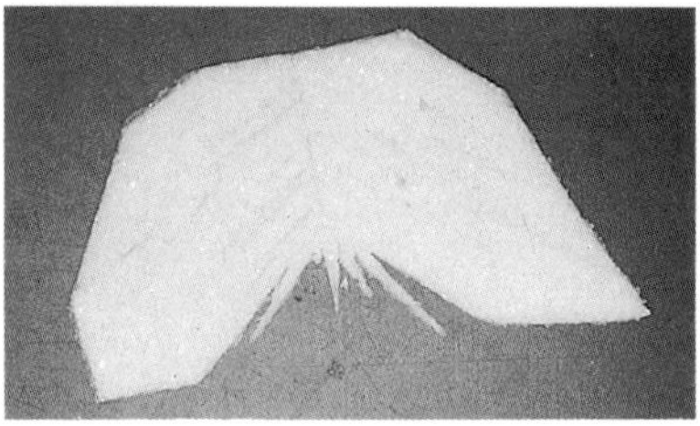

Eingedrückte Haarform

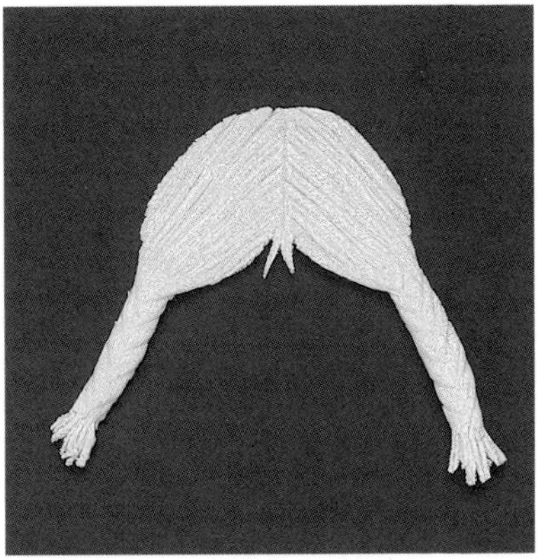

Eingedrückte Haarform mit Zöpfen

Zopffrisur

Die Zöpfe mit dem gesamten Haarschopf ausschneiden. Den Scheitel eindrücken und den angeschnittenen Teig für die Zöpfe zusammendrücken. Die Zopfstruktur mit Modellierstäbchen oder Zahnstocher eindrücken.

Junge

Rezept 1 (Seite 12).

Den Teig 1 cm dick auswellen, die Grundform aufzeichnen und ausschneiden, auf Backtrennpapier legen. Die Hosenbeine einschneiden, die Ränder versäubern, befeuchten und glattstreichen. Kopf und Schuhe formen (wie bei »Mädchen« beschrieben) und ansetzen.

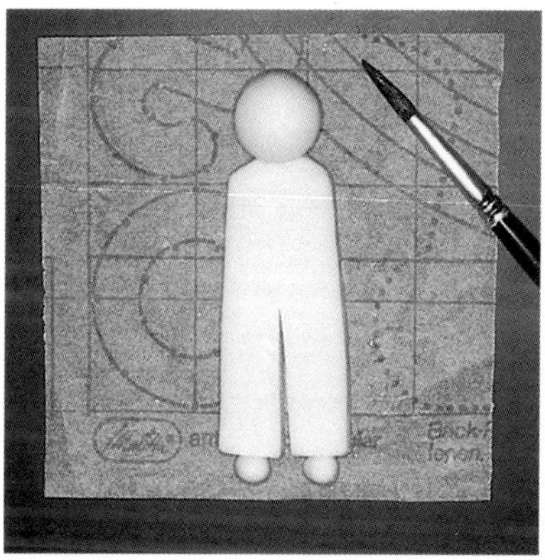

Grundform mit Kopf und Schuhen

Jacke

Den Teig für die Jacke dünn auswellen. Jackenteil aufzeichnen, ausschneiden, anprobieren, eventuelle Änderung vornehmen. Spiegelverkehrt auf den Teig legen und die andere Hälfte der Jacke zuschneiden. Beide Jackenteile mit der Grundform verbinden. Das Revers umschlagen und zwei kleine Teigstreifen als Oberkragen auflegen.

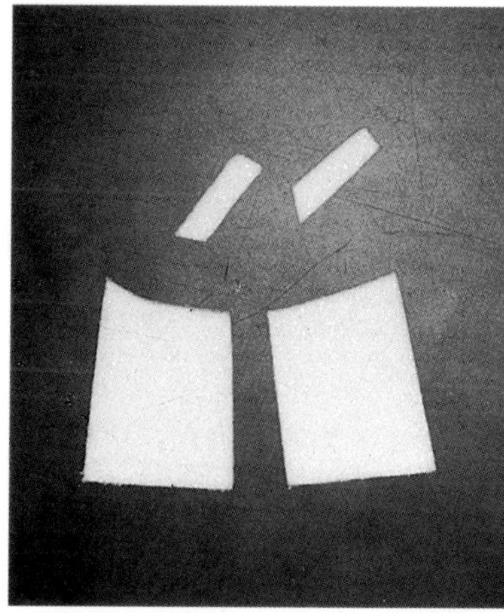

Zuschnitt der Jacke

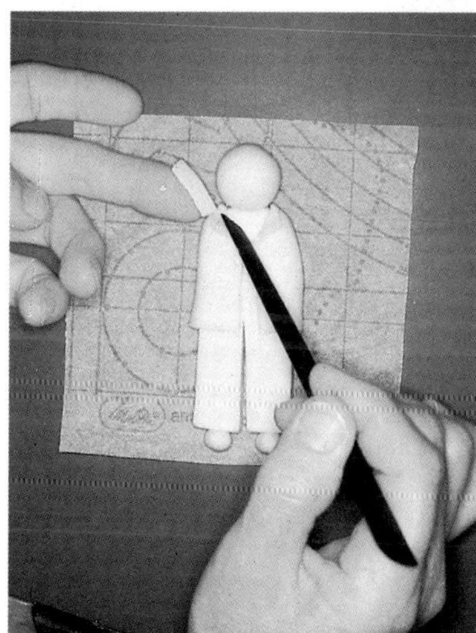

Revers umlegen und Kragen ansetzen

Beide Arme herstellen, anbringen, Hände aus kleinen Teigkugeln formen und festdrücken.

Für die Haare den Teig erneut dünn auswellen, die Haarform ausschneiden und mit dem Modellierstäbchen Strähnen eindrücken. Die Ponyfransen in verschiedenen Längen ausschneiden und am befeuchteten Kopf andrücken.

Haarform ausschneiden

Drehorgelmann

Rezept 1 (Seite 12).

Den Teig auswellen, die Drehorgel aufzeichnen, ausschneiden, etwas nachformen und auf Backtrennpapier legen. Halbkreise für die Räder aus der Drehorgel ausschneiden. Die Räder aus Teigkugeln, die flachgedrückt werden, formen und einsetzen. Den Griff für die Drehorgel anfertigen und befestigen. Mit dem Modellierstäbchen Orgelpfeifen eindrücken.

Drehorgel

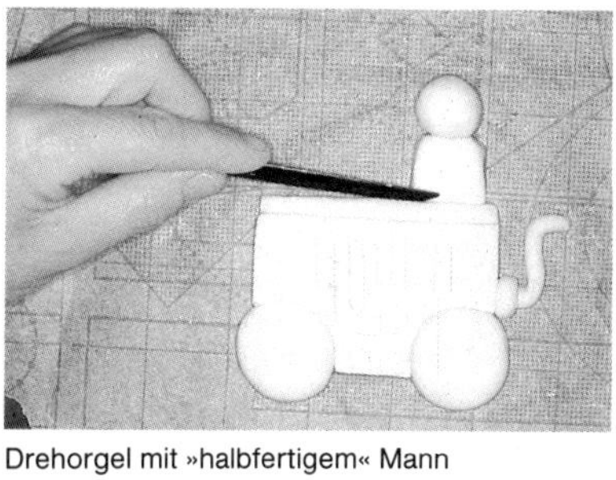

Drehorgel mit »halbfertigem« Mann

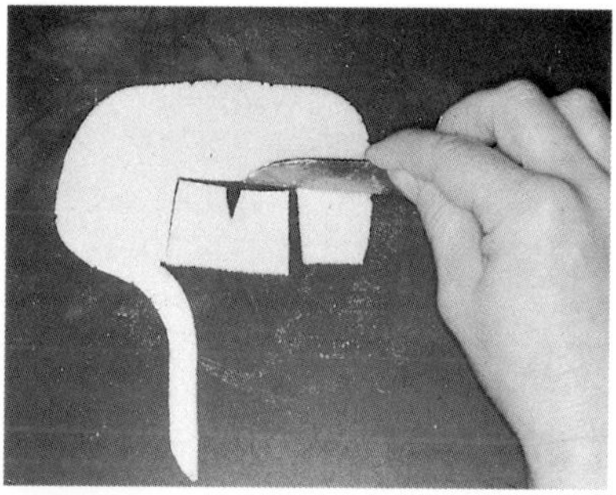

Hemdenschnitt

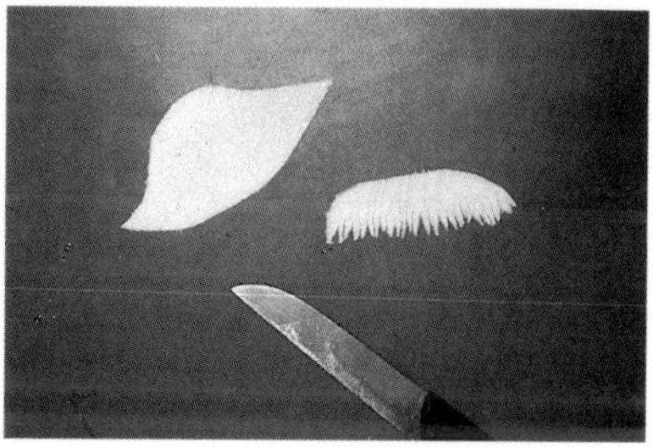

Zuschnitt der Haare und des Hutes

Das »Oberteil« für den Drehorgelmann ausschneiden, an der angefeuchteten Drehorgelkante festdrücken. An der Taille leicht eindrücken, damit der Mann etwas zurückgesetzt wirkt. Aus einer kleinen Teigkugel den Kopf formen und aufsetzen.
Aus dünn ausgerolltem Teig das Hemdenteil zuschneiden, auflegen. Die Arme rollen, in Form bringen und abgewinkelt anordnen.
Für den Haaransatz Teig dünn auswellen, Haarsträhnen einschneiden, Haare auflegen. Bei Figuren mit Hüten ist es nicht notwendig, den gesamten Kopf mit Haaren zu

belegen, da ja nur der Haaransatz zu sehen ist. Den Hut ausschneiden, anprobieren, die gewünschte Hutform festlegen. Den Kopf befeuchten, das Hutteil auflegen, überstehenden Teigrest abschneiden und etwas glätten.
Für den Groschenhut, der links auf der Drehorgel steht, eine Teigkugel formen und den Hut modellieren. Die Hutöffnung etwas eindrücken, damit optisch eine Tiefe entsteht. Kleine Plättchen aus Teig drücken und als Münzen einlegen.

Groschenhut

Fischer

Rezept 1 (Seite 12).

Einen Baum mit durchbrochener Krone herstellen, wie auf Seite 36 beschrieben. Für die Wiese eine dicke Teigschicht anbringen, aufrauhen. Mulden für den Fischer und den Weiher eindrücken.

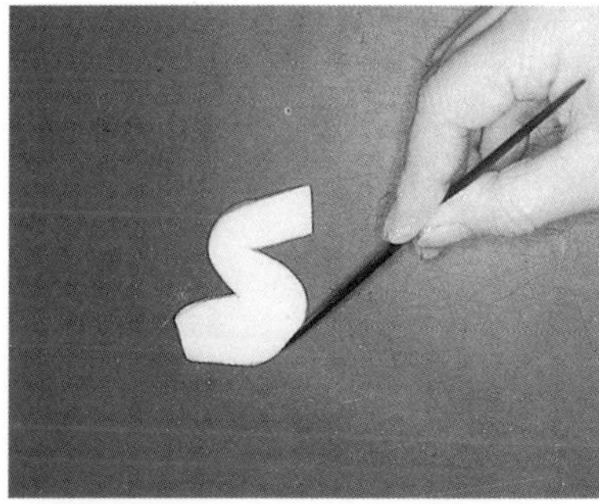

Sitzender Körper

Baum mit Wiese und eingedrückter Mulde

Baum mit Wiese und »halbfertigem« Fischer

Teig auswellen, den sitzenden Körper aufzeichnen, ausschneiden, nachformen und in die vorgesehene Mulde einbetten. Aus kleinen Teigkugeln Kopf und Schuhe anbringen. Die Jackenteile zuschneiden, auflegen. Arme und Hände formen, wobei der hintere Arm verkürzt wird, auf den Knien so auflegen, daß die Angel zwischen beiden Händen Halt bekommt.
Angel fertigstellen: Einen Zahnstocher verwenden. Um das eine Ende Draht wickeln, der als Angelschnur dienen soll. Die Angelschnur vorsichtig in die dünne Teigschicht

des Weihers einschieben und die Angel dem Fischer zwischen die Hände legen.
Haare und Hut anbringen, wie bereits beim »Drehorgelmann« beschrieben. Eine Mulde für den Eimer eindrücken. Eimer und Griff aus einer Teigrolle formen, Vertiefung herstellen. Fische ausschneiden, nachformen und in den Eimer legen. Den Eimer in die Wiese einbetten.

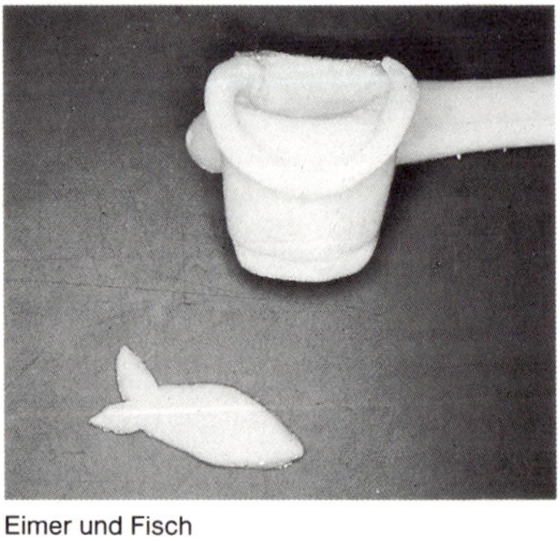

Eimer und Fisch

Mädchen auf der Schaukel

Rezept 1 (Seite 12).

Den Baum mit Ästen ausschneiden. Die Struktur für Stamm und Äste einritzen. Etwas aufgerauhten Teig auf die Äste legen. Die Wiese anbringen.

Baum mit Wiese

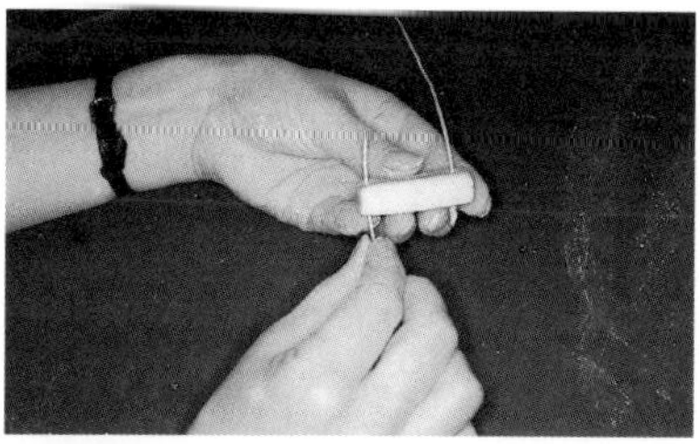

Schaukel

Die Schaukel ausschneiden. Zwei Schnüre bereithalten, an je einem Ende einen Knoten machen. Im Schaukelbrett auf beiden Seiten ein Loch eindrücken, die Schnüre durchstecken und bis zum Knoten durchziehen. Beide Schnüre über den Ast legen.
Den Oberkörper für das Mädchen aufzeichnen, ausschneiden, auf dem Schaukelbrett andrücken und den Kopf ansetzen. Aus Teigrollen Beine formen, die nach einer Seite hin dünner werden. Die dünnere Seite zum Schuh umbiegen, etwas nachformen. Beide Beine an den Oberkörper anlegen und in den Knien abwinkeln. Das Mädchen auf die Schaukel setzen.

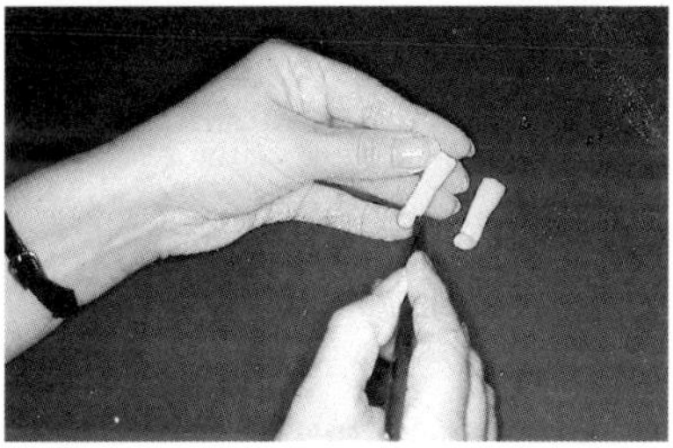

Beine

Schaukel mit »halbfertigem« Mädchen

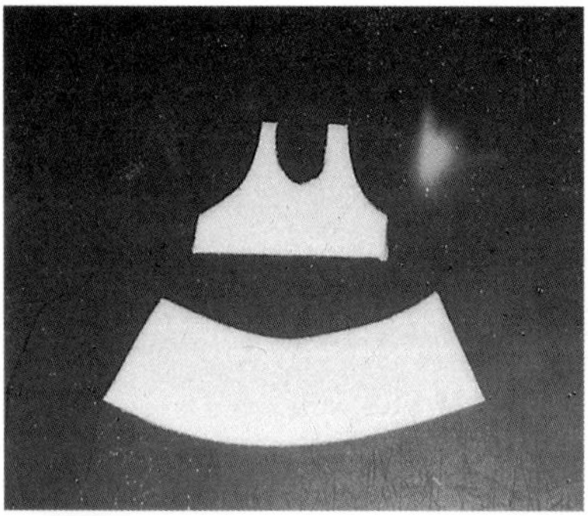

Zuschnitt der Kleidung

Rock in Falten legen

Rock und Oberteil aus einer dünnen Teigfläche ausschneiden. Rock in Falten legen und in der Taille festdrücken, das Oberteil auflegen. Ebenfalls aus kleinen Teigrollen die Arme formen, am Körper anbringen, abwinkeln und die Handballen mit den Schnüren verbinden. Haare ausschneiden, anbringen, ein paar Strähnen nach außen legen.

Haarform

Der Körper der kleinen Puppe, die in der Wiese liegt, wird aus einer dicken Rolle geformt. Den Kopf und vier dünne Teigrollen als Arme und Beine anbringen, kleine Teigkugeln als Hände und Füße.

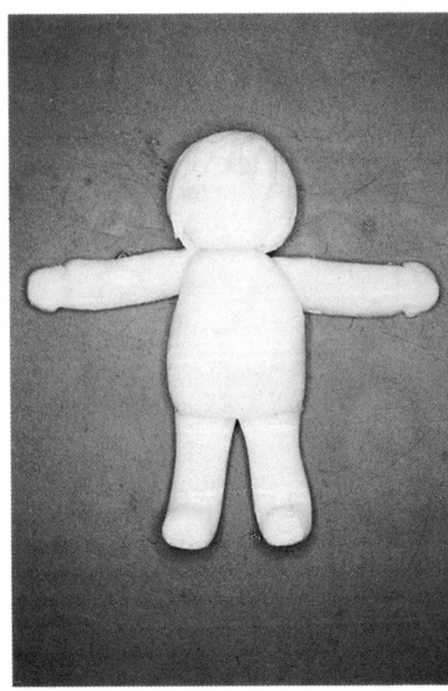

Puppe

Vagabund

Rezept 1 (Seite 12).

Baum und Wiese, wie im Arbeitsbeispiel »Fischer« (Seite 45) bereits beschrieben, anfertigen. Eine Mulde für den liegenden Vagabunden eindrücken. Den inzwischen aufgezeichneten Körper ausschneiden und in die Mulde legen. Das angewinkelte Bein wird flach gedrückt, damit es zurückgesetzt wirkt.

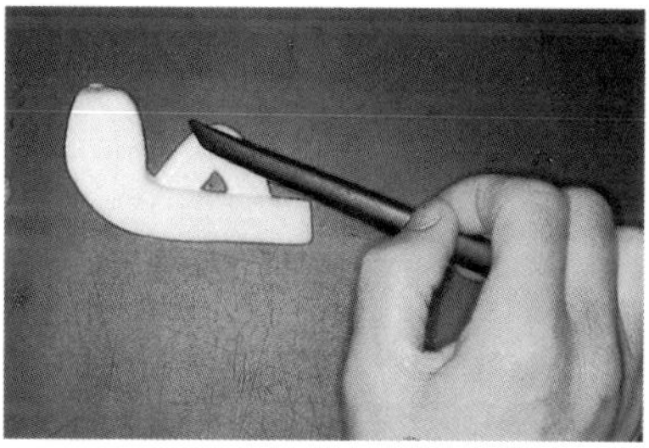

Grundform liegender Vagabund

Kopf und Schuh aus Teigkugeln formen und anbringen. Beide Jakkenteile aus dünn ausgerolltem Teig zuschneiden, auflegen, die Revers umlegen, Kragen aufsetzen. Haarteil und Hut, wie beim »Drehorgelmann« (Seite 43) beschrieben, ausschneiden und auflegen. Die Hutkrempe an beiden Seiten nach hinten biegen. Teigstränge für die Arme drehen und an beiden Seiten abschrägen. Die hinter dem Kopf verschränkten Arme am Körper und Hut anlegen.

Vagabund mit fertigem Hut

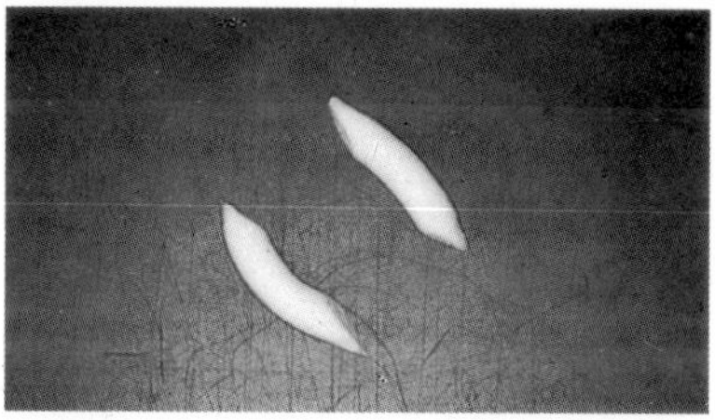

Arme

Schlafendes Gesicht

Den Wanderbeutel am Stecken aus einer Teigkugel formen, Zipfel auflegen und mit einem Zahnstocher am Baumstamm befestigen.

Opa am Kachelofen

Rezept 1 (Seite 12).

Aus einer 1½ cm dick ausgerollten Teigplatte den aufgezeichneten Kachelofen ausschneiden und auf Backtrennpapier legen. Den oberen Teil in 12 Kacheln aufteilen. Im unteren Sockelteil die Mulde für die Holzliege eindrücken, die Holzscheite mit dem Modellierstäbchen markieren. Für die Kuppel eine halbierte, flachgedrückte Kugel ansetzen. In die Kacheln und den Aufsatz mittels Rundholz Vertiefungen eindrücken.

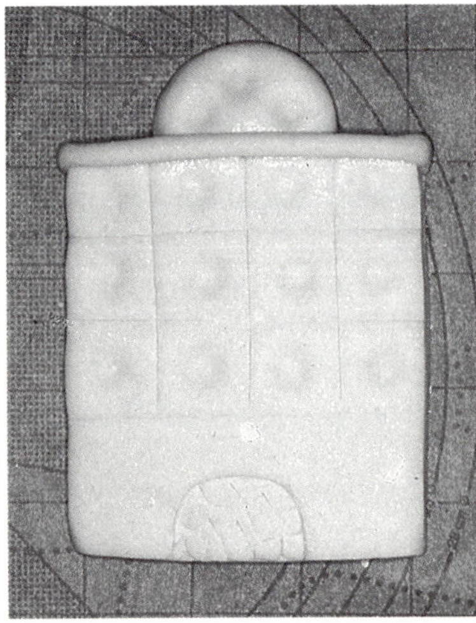

Kachelofen

Die Ofenbank ausschneiden und anbringen. Eine dünne Teigrolle als oberen Ofenabschluß auflegen. Den Krug formen und befestigen.

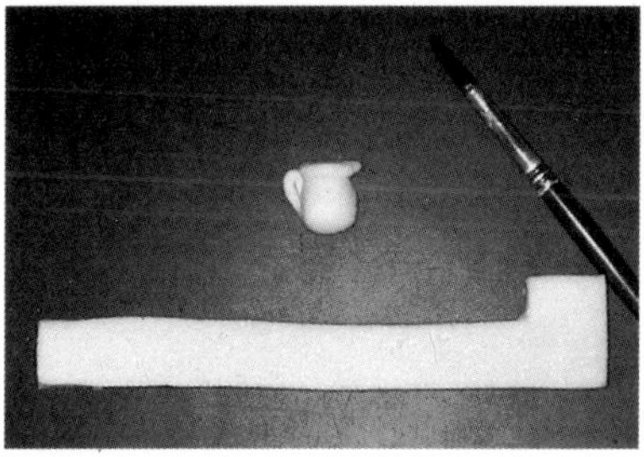

Ofenbank und Krug

Aus einer länglichen Teigkugel die Katze formen. Zwei kleine Kugeln als Vorderfüße und eine größere Kugel als Kopf anbringen. Ohren und Schwanz vervollständigen die Katze. Auf die Ofenbank setzen.

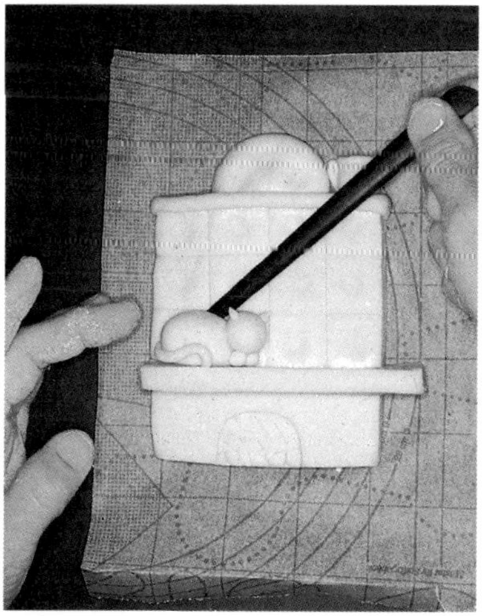

Katze

Den Körper für den Opa ausschneiden, die hintere Beinseite etwas flachdrücken, damit das Bein zurückgesetzt wirkt. Auf die Ofenbank setzen. Kopf und kleine Teigwürstchen als Füße aufsetzen.

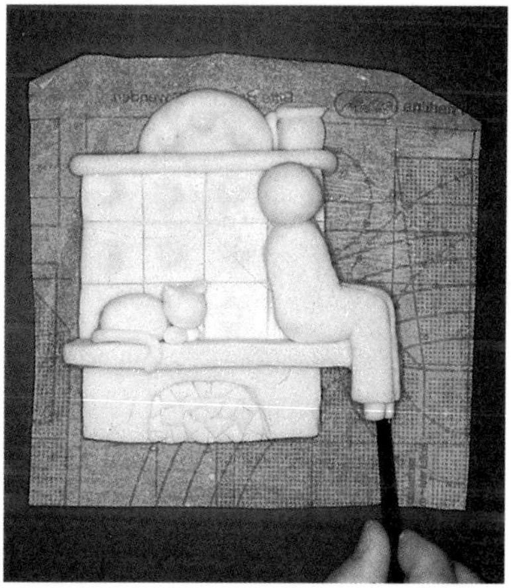

Körper

Pantoffeln aus kleinen Kugeln formen, mit dem Modellierstäbchen eindrücken und anfügen.

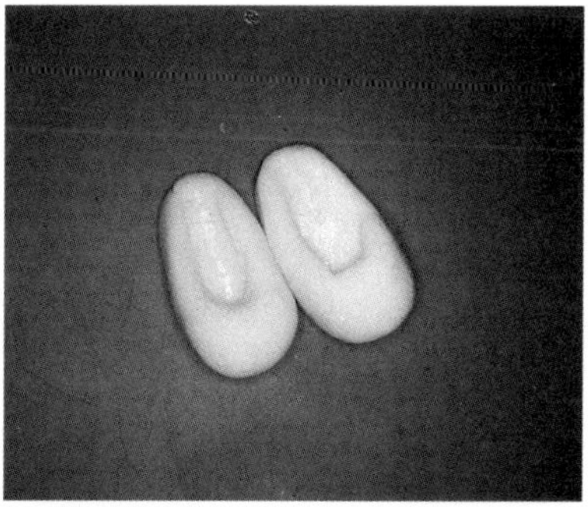

Pantoffeln

Für Geübte

Für Haarkranz und Schnurrbart fein gerupften Salzteig am Kopf verteilen. Ohr und Nase formen und durch Befeuchten »ankleben«. Die Pfeife aus Teigwürstchen formen und antrocknen lassen. Jackenteile ausschneiden, auflegen, Revers umschlagen, Kragen und Spange befestigen. Arme aus kleinen Teigrollen drehen, in Form schneiden - einen etwas kürzer -, am Körper festdrücken. Die Pfeife zwischen die Handballen legen, wobei das Mundstück unterhalb des Schnurrbartes aufliegen soll.

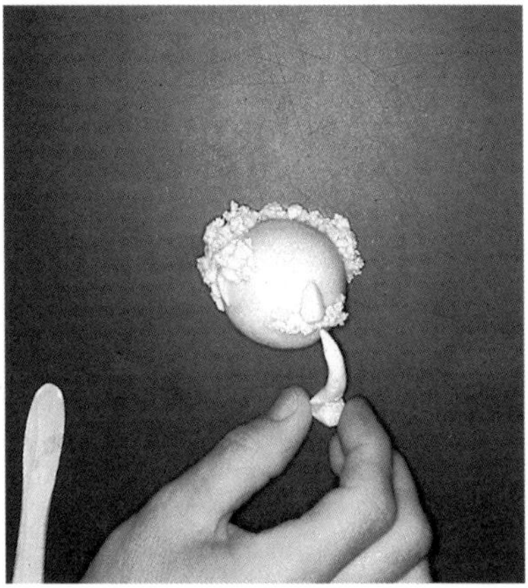

Kopf

Aus Kinderhand

Es war immer wieder erfreulich zu beobachten, wieviel Spaß es unseren Kindern bereitete, gemeinsam mit uns zu formen und zu gestalten. Die hier vorgestellte Tiersammlung wurde von einem 5-Jährigen, die Häuserparade von einer 12-Jährigen gestaltet.

Aus Kinderhand

Beiwerk zu den Modellen

In diesem letzten Kapitel stellen wir die wichtigsten Details vergrößert und einzeln dar. Alle Modelle gewinnen an Lebendigkeit, wenn sie mit detailliertem Beiwerk ausgeschmückt werden. Ein Schreiner ohne Hobel ist »wie eine Suppe ohne Salz«. Anregungen dafür findet man in Kinderbüchern, Zeitschriften, in der täglichen Umgebung.

Beiwerk zu den Modellen

Handgeformtes Beiwerk

Beiwerk zu den Modellen

Ausgeschnittenes, nachgeformtes Beiwerk

Modelle

Clown Augustin

Clown Charly

Wanderer am Marterl

Spielende Kinder
am Zaun

Die Köchin

Der Koch

Der Drachenjunge

Das Steckenpferd

Das Rollermädchen

Ballonfahrer

Kinderparade

Am Fenster

Die strickende Oma

Der Bauernmarkt

Die Hühnerfütterung

Die Gänseliesel

Pärchen unterm Maibaum

Bayerisches Trachtenpaar

Hochzeitspaar

Kinderpaar mit Ente

Rosenmädchen Rosenkavalier

Am Bootssteg

Bootsfahrer

Pärchen unterm Baum

CONDITOREI EICKMANN

Caféhaus in Nördlingen

Stammbaum

Die Blumenfrau

Der Schwarzwälder

Die Schwarzwälderin

Der Reisende

Der Schulanfänger

Der Wanderer

Der Eisverkäufer

Das Karussell

Auf der Wippe

Der Jäger

Der Sämann

Der Maiwagen

Die Gärtnerin

Der Gärtner

Der Bauer

Die Bäuerin

Eisläufer

Bürgerhaus in Erding

Die Vogelfütterung

Der Schneemann

Alle Jahre wieder . . .